《装配式建筑施工技术》
配套实训指导书

班级：＿＿＿＿＿＿＿＿＿

姓名：＿＿＿＿＿＿＿＿＿

学号：＿＿＿＿＿＿＿＿＿

北京理工大学出版社
BEIJING INSTITUTE OF TECHNOLOGY PRESS

目　录

项目1 装配式混凝土建筑施工方案编制

任务 装配式建筑施工方案编制实训

1.1.1 实训目标

学生能够根据已有的资料进行相关准备，结合已学装配式建筑施工技术课程内容，进而编制某装配式建筑施工方案。通过本实训的实施，学生具有以下能力：

（1）能够进行装配式建筑施工人员、材料、机械准备；

（2）能够编制预制构件制作方案；

（3）能够编制预制构件运输与存储方案；

（4）能够编制预制构件吊装方案；

（5）能够编制装配式建筑外墙接缝防水施工方案。

1.1.2 实训任务

装配式建筑工程施工方案编制。

编制要求：根据提供的工程案例概况、工程特点和构件特点情况，结合前期学习到的装配式建筑工程施工内容，编制装配式建筑施工方案。其内容包括施工准备工作、预制构件制作方案、预制构件运输与存储方案、预制构件安装方案、装配式建筑外墙接缝防水施工方案等。预制构件的主要类型包括预制柱、预制梁、预制楼板、预制外墙板、预制楼梯等。

1.1.3 任务准备

1. 知识准备

学习装配式建筑施工内容，掌握施工工艺流程和质量验收标准。

混凝土结构工程
施工质量验收规范
(装配式结构分项工程)

建筑工程施工质
量验收统一标准

装配式混凝土结构工程
施工与质量验收规程

2. 基础资料准备

某装配式建筑工程案例

1.1.4 任务实施

1. 实训任务时间分配表(表1)

表1　时间分配表

阶段	实训任务	构件类型	备注
第1天	收集装配式建筑工程施工相关资料;熟悉和分析实训案例给定资料,完整地了解施工准备内容	制柱、预制外墙板、预制叠合楼板、预制楼梯等构件	教师巡回指导与验收
第2天	编制预制构件制作方案	制柱、预制外墙板、预制叠合楼板、预制楼梯等构件	教师巡回指导与验收
第3天	编制预制构件运输与储存方案	制柱、预制外墙板、预制叠合楼板、预制楼梯等构件	教师巡回指导与验收
第4天	编制预制构件吊装方案	制柱、预制外墙板、预制叠合楼板、预制楼梯等构件	教师巡回指导与验收
第5天	编制装配式建筑外墙接缝防水施工方案	制柱、预制外墙板、预制叠合楼板、预制楼梯等构件	教师评阅

2. 实训结果

实训成果参照以下格式撰写。

某装配式建筑工程施工方案

姓　　名：————

班　　级：————

学　　号：————

指导教师：————

1.1.5　实训评价

实训结束，由实训指导教师根据学生在实训期间的学习和平时表现、出勤情况、实训成果的质量等方面综合评定，按优秀、良好、中等、及格和不及格五级制评定。考核标准如下：

（1）学生必须完成实训要求的全部任务，提交实训成果，方可参加考核。

（2）实习过程中无重大违纪现象，方可参加考核。

（3）本项目实训考核采取过程考核与结果考核相结合的方式。其中过程考核占50%，结果考核占50%。具体考核标准如下：

①实训表现与态度占20%。

②实训过程中对施工方案编制内容的方法、步骤及小组协作能力占30%。

③实训成果的内容与文字表述的规范与正确程度等占50%。

实训期间一般不允许请假，如有特殊情况需请假，经指导教师、班主任、院部、批准后方可离开，如无故旷课一天以上，将会被视为不及格；旷课一天以内，实训成绩将会降低一个档次。

项目 2　预制构件制作

任务 2.1　预制柱制作实训

2.1.1　实训目标

能够根据已有的资料进行相关准备，结合装配式建筑施工技术课程内容，进而开展预制柱制作实操训练。通过本实训任务的实施，学生达到以下目的：

(1)能够进行预制柱制作施工人员、材料、机械准备；

(2)能够进行预制柱的模板组装和钢筋绑扎施工；

(3)能够进行预制柱制作施工过程组织协调和质量安全管理。

2.1.2　实训任务

本实训任务为预制柱制作实操实训，具体实训内容如下：

(1)预制柱制作施工人员、材料、机械准备；

(2)预制柱的模板组装和钢筋绑扎施工；

(3)预制叠柱制作时模板组装和钢筋绑扎质量验收；

(4)预制柱制作施工过程中组织协调和质量安全管理。

2.1.3　任务准备

1. 知识准备

学习预制柱制作施工内容，掌握施工工艺流程和质量验收标准。

混凝土结构工程
施工质量验收规范
（装配式结构分项工程）

建筑工程施工质量
验收统一标准

装配式混凝土结构工程
施工与质量验收规程

2. 实训材料工具

(1)柱模具；

(2)柱钢筋及预埋件；

(3)其他材料工具：扳手、扎丝、扫把等材料工具，手套、安全帽等防护用品。

2.1.4 任务实施

1. 实训步骤

分解实训任务，进行实训准备→预制柱模板组装→预制柱模板组装质量验收→预制柱钢筋绑扎→预制柱钢筋骨架质量验收→验收评价→实训成果拆除→实训场地清理。

2. 质量验收表(表1～表4)

表1 预制柱模具尺寸允许偏差及检验方法

项次	检验项目、内容		允许偏差/mm	检验方法	实测偏差/mm
1	长度	≤6 m	1，−2	用尺量平行构件高度方向，取其中偏差绝对值较大处	
		>6 m 且≤12 m	2，−4		
		>12 m	3，−5		
2	宽度、高(厚)度	墙板	1，−2	用尺测量两端或中部，取其中偏差绝对值较大处	—
3		其他构件	2，−4		
4	底模表面平整度		2	用2 m靠尺和塞尺量	
5	对角线差		3	用尺量对角线	
6	侧向弯曲		$L/1\,500$且≤5	拉线，用钢尺量测侧向弯曲最大处	
7	翘曲		$L/1\,500$	对角拉线测量交点间距离值的两倍	
8	组装缝隙		1	用塞片或塞尺量测，取最大值	
9	端模与侧模高低差		1	用钢尺量	

表2 预制柱模具组装尺寸允许偏差

项次	测定部位	允许偏差/mm	检验方法	实测偏差/mm
1	边长	±2	钢尺四边测量	
2	对角线误差	3	细线测量两个对角线尺寸，取差值	
3	底模平整度	2	对角线用细线固定，钢尺测量线到底模各点距离的差值，取最大值	
4	侧板高差	2	钢尺测量两边，取平均值	
5	表面凹凸	2	靠尺和塞尺检查	
6	扭曲	2	对角线用细线固定，钢尺测量细线到钢模边距离，取最大值	
7	翘曲	2	对角线用细线固定，钢尺测量细线到钢模边距离，取最大值	
8	弯曲	2	两对角细线固定，钢尺测量中心点高度	
9	侧向扭曲	H≤300时，取1.0	两对角细线固定，钢尺测量中心点高度	
10		H≥300时，取2.0		

表 3　预制柱钢筋骨架尺寸和安装位置偏差

项目			允许偏差/mm	检验方法	实测偏差/mm
绑扎钢筋骨架	长		±10	钢尺检查	
	宽、高		±5	钢尺检查	
	钢筋间距		±10	钢尺量两端、中间各一点	
受力钢筋	位置		±5	钢尺量两端、中间各一点，取最大值	
	排距		±5		
	保护层	柱、梁	±5	钢尺检查	
		楼板、外墙板楼梯、阳台板	±3	钢尺检查	—
绑扎钢筋、横向钢筋间距			±20	钢尺量连续3档，取最大值	
箍筋间距			±20	钢尺量连续3档，取最大值	
钢筋弯起点位置			±20	钢尺检查	

表 4　连接套筒、预埋件的允许偏差

项目		允许偏差/mm	检验方法	实测偏差/mm
钢筋连接套筒	中心线位置	±3	钢尺检查	
	安装垂直度	$L/40$	拉水平线、竖直线测量两端差值且满足连接套筒施工误差要求	
预埋件（插筋、螺栓、吊具等）	中心线尺寸	±5	钢尺检查	
	外露长度	+5~0	钢尺检查且满足连接套筒施工误差要求	
	安装垂直度	$L/40$	拉水平线、竖直线测量两端差值且满足施工误差要求	
其他需要先安装的部件	安装状况：种类、数量、位置、固定状况		与构件设计制作图对照及目视	

3. 实训成果(表 5)

表 5　预制柱制作实训成果

姓名		班级		学号	
粘贴实训成果照片(不少于两张)					

4. 实训注意事项

(1)实训仪器和设备必须在实训指导教师的指挥下操作，操作需按照要求进行，并注意用电安全，严防实训设备、工具伤人事件发生；

(2)实训过程规范操作，实训材料和设备摆放整齐，实训结束之后，要归类整理材料设备，认真清扫场地，保持实训现场干净整洁。

2.1.5　实训评价

实训结果评价由小组自评、小组互评和教师评价3部分组成(表6)，可根据实际情况设定比例。

表6　预制柱制作原始记录及结果

评价项目		评分标准	分值	自评得分	互评得分	教师评分
模具组装及质量检验	模具选型检验	正确使用检验工具(钢卷尺)，按照图纸检验模具型号是否正确	30			
	模具固定检验	正确使用检验工具(橡胶锤)，检验模具固定是否牢固				
	模具组装及尺寸检验	模具组装完成，使用工具(钢卷尺、塞尺、钢直尺等)，检测模具组装长度、宽度、高(厚)度、对角线、组装缝隙、模具间高低差等是否符合要求				
	模具组装质量检查表填写	根据实际测量数据，规范填写"模具组装质量检验表"				
钢筋绑扎及质量检验	钢筋选型及摆放检验	正确使用工具(钢卷尺、游标卡尺)，根据图纸钢筋表检验钢筋型号是否正确	30			
	钢筋绑扎及检验	进行钢筋绑扎，检验2～3处绑扎点是否牢固				
	钢筋成品尺寸检验	钢筋绑扎完成，使用工具(钢卷尺)，根据图纸检验钢筋间距和外漏钢筋是否符合要求				
	钢筋隐蔽工程检查表填写	根据实际测量数据，规范填写"钢筋摆放绑扎质量检查表"				
埋件固定及质量检验	埋件选型检验	观察型号是否符合图纸要求	20			
	埋件位置检验	正确使用工具(钢卷尺)，检验埋件位置是否符合图纸要求				
	埋件固定检验	检验埋件固定是否牢固				
	预埋件检查表填写	根据实际测量数据，规范填写"预埋件检查表"				

评价项目		评分标准	分值	自评得分	互评得分	教师评分
拆解复位考核设备	拆解并复位埋件	正确使用工具(扳手)，依据先装后拆的原则拆除埋件，并将埋件放置原位	6			
	拆解并复位钢筋	正确使用工具(钢丝钳)，依据先装后拆的原则拆除钢筋，并放置原位				
	拆解并复位模具	正确使用工具(扳手、撬棍)，依据先装后拆的原则拆除磁盒、螺栓，并将模具放置原位				
工具入库、材料回收		清点工具，对需要保养工具(如工具污染、损坏)进行保养或交管理员处理。回收可再利用材料，放置原位，分类明确，摆放整齐	2			
场地清理		正确使用工具(扫把)清理模台和地面，不得有垃圾(扎丝)，清理完毕后，归还清理工具	2			
生产过程中严格按照安全文明生产规定操作，无恶意损坏工具、原材料且无因操作失误造成人员伤害等行为		出现严重损坏设备、伤人事件，判定为0分	10			
		出现严重碰撞、手放置柱底部等一般危险行为，出现一项扣10分，上不封顶				
总得分						

任务 2.2 预制叠合梁制作实训

2.2.1 实训目标

能够根据已有的资料进行相关准备，结合装配式建筑施工技术课程内容，进而开展预制叠合梁制作实操训练。通过本实训任务的实施，学生达到以下目的：

(1)能够进行预制叠合梁制作施工人员、材料、机械准备；

(2)能够进行预制叠合梁的模板组装和钢筋绑扎施工；

(3)能够进行预制叠合梁制作施工过程组织协调和质量安全管理。

2.2.2 实训任务

本实训任务为预制叠合梁制作实操实训，具体实训内容如下：

(1)预制叠合梁制作施工人员、材料、机械准备；

(2)预制叠合梁的模板组装和钢筋绑扎施工；

(3)预制叠合梁制作时模板组装和钢筋绑扎质量验收；

(4)预制叠合梁制作施工过程组织协调和质量安全管理。

2.2.3 任务准备

1. 知识准备

学习预制叠合梁制作施工内容，掌握施工工艺流程和质量验收标准。

混凝土结构工程
施工质量验收规范
（装配式结构分项工程）

建筑工程施工质
量验收统一标准

装配式混凝土结构工程
施工与质量验收规程

2. 实训材料工具

(1)叠合梁模具；

(2)叠合梁钢筋及预埋件；

(3)其他材料工具：扳手、扎丝、扫把等材料工具，手套、安全帽等防护用品。

2.2.4 任务实施

1. 实训步骤

分解实训任务，进行实训准备→预制叠合梁模板组装→预制叠合梁模板组装质量验收→预制叠合梁钢筋绑扎→预制叠合梁钢筋骨架质量验收→验收评价→实训成果拆除→实训场地清理。

2. 质量验收表(表1～表4)

表1 预制叠合梁模具尺寸允许偏差及检验方法

项次	检验项目、内容		允许偏差/mm	检验方法	实测偏差/mm
1	长度	≤6 m	1，−2	用尺量平行构件高度方向，取其中偏差绝对值较大处	
		>6 m且≤12 m	2，−4		
		>12 m	3，−5		
2	宽度、高（厚）度	墙板	1，−2	用尺测量两端或中部，取其中偏差绝对值较大处	—
3		其他构件	2，−4		
4	底模表面平整度		2	用2 m靠尺和塞尺量	
5	对角线差		3	用尺量对角线	
6	侧向弯曲		$L/1\ 500$且≤5	拉线，用钢尺测侧向弯曲最大处	

项次	检验项目、内容	允许偏差/mm	检验方法	实测偏差/mm
7	翘曲	L/1 500	对角拉线测量交点间距离值的两倍	
8	组装缝隙	1	用塞片或塞尺量测，取最大值	
9	端模与侧模高低差	1	用钢尺量	

表 2　预制叠合梁模具组装尺寸允许偏差

项次	测定部位	允许偏差/mm	检验方法	实测偏差/mm
1	边长	±2	钢尺四边测量	
2	对角线误差	3	细线测量两根对角线尺寸，取差值	
3	底模平整度	2	对角线用细线固定，钢尺测量线到底模各点距离的差值，取最大值	
4	侧板高差	2	钢尺两边测量，取平均值	
5	表面凹凸	2	靠尺和塞尺检查	
6	扭曲	2	对角线用细线固定，钢尺测量细线到钢模边距离，取最大值	
7	翘曲	2	对角线用细线固定，钢尺测量细线到钢模边距离，取最大值	
8	弯曲	2	测量两对角用细线固定，钢尺测量中心点高度	
9	侧向扭曲	H≤300 时，取 1.0	测量两对角用细线固定，钢尺测量中心点高度	
10		H≥300 时，取 2.0		

表 3　预制叠合梁钢筋骨架尺寸和安装位置偏差

项目			允许偏差/mm	检验方法	实测偏差/mm
绑扎钢筋骨架	长		±10	钢尺检查	
	宽、高		±5	钢尺检查	
	钢筋间距		±10	钢尺量两端、中间各一点	
受力钢筋	位置		±5	钢尺量两端、中间各一点，取最大值	
	排距		±5		
	保护层	柱、梁	±5	钢尺检查	
		楼板、外墙板楼梯、阳台板	±3	钢尺检查	—
绑扎钢筋、横向钢筋间距			±20	钢尺量连续 3 档，取最大值	
箍筋间距			±20	钢尺量连续 3 档，取最大值	
钢筋弯起点位置			±20	钢尺检查	

表 4 连接套筒、预埋件的允许偏差

项目		允许偏差/mm	检验方法	实测偏差/mm
钢筋连接套筒	中心线位置	±3	钢尺检查	
	安装垂直度	$L/40$	拉水平线、竖直线测量两端差值且满足连接套筒施工误差要求	
预埋件（插筋、螺栓、吊具等）	中心线尺寸	±5	钢尺检查	
	外露长度	+5～0	钢尺检查且满足连接套筒施工误差要求	
	安装垂直度	$L/40$	拉水平线、竖直线测量两端差值且满足施工误差要求	
其他需要先安装的部件	安装状况：种类、数量、位置、固定状况		与构件设计制作图对照及目视	

3. 实训成果（表 5）

表 5 预制叠合梁制作实训成果

姓名		班级		学号	
粘贴实训成果照片(不少于两张)					

4. 实训注意事项

（1）实训仪器和设备必须在实训指导教师的指挥下操作，操作需按照要求进行，并注意用电安全，严防实训设备、工具伤人事件发生；

（2）实训过程规范操作，实训材料和设备摆放整齐，实训结束之后，要归类整理材料设备，认真清扫场地，保持实训现场干净整洁。

2.2.5　实训评价

实训结果评价由小组自评、小组互评和教师评价3部分组成（表6），可根据实际情况设定比例。

表 6　预制叠合梁制作原始记录及结果

评价项目		评分标准	分值	自评得分	互评得分	教师评分
模具组装及质量检验	模具选型检验	正确使用检验工具（钢卷尺），按照图纸检验模具型号是否正确	30			
	模具固定检验	正确使用检验工具（橡胶锤），检验模具固定是否牢固				
	模具组装及尺寸检验	模具组装完成，使用工具（钢卷尺、塞尺、钢直尺等），检测模具组装长度、宽度、高（厚）度、对角线、组装缝隙、模具间高低差等是否符合要求				
	模具组装质量检查表填写	根据实际测量数据，规范填写"模具组装质量检验表"				
钢筋绑扎及质量检验	钢筋选型及摆放检验	正确使用工具（钢卷尺、游标卡尺），根据图纸钢筋表检验钢筋型号是否正确	30			
	钢筋绑扎及检验	进行钢筋绑扎，检验2~3处绑扎点是否牢固				
	钢筋成品尺寸检验	钢筋绑扎完成，使用工具（钢卷尺），根据图纸检验钢筋间距和外漏钢筋是否符合要求				
	钢筋隐蔽工程检查表填写	根据实际测量数据，规范填写"钢筋摆放绑扎质量检查表"				
埋件固定及质量检验	埋件选型检验	观察型号是否符合图纸要求	20			
	埋件位置检验	正确使用工具（钢卷尺），检验埋件位置是否符合图纸要求				
	埋件固定检验	检验埋件固定是否牢固				
	预埋件检查表填写	根据实际测量数据，规范填写"预埋件检查表"				

评价项目		评分标准	分值	自评得分	互评得分	教师评分
拆解复位考核设备	拆解并复位埋件	正确使用工具(扳手),依据先装后拆的原则拆除埋件,并将埋件放置原位	6			
	拆解并复位钢筋	正确使用工具(钢丝钳),依据先装后拆的原则拆除钢筋,并放置原位				
	拆解并复位模具	正确使用工具(扳手、撬棍),依据先装后拆的原则拆除磁盒、螺栓,并将模具放置原位				
工具入库、材料回收		清点工具,对需要保养工具(如工具污染、损坏)进行保养或交于管理员处理。回收可再利用材料,放置原位,分类明确,摆放整齐	2			
场地清理		正确使用工具(扫把)清理模台和地面,不得有垃圾(扎丝),清理完毕后,归还清理工具	2			
生产过程中严格按照安全文明生产规定操作,无恶意损坏工具、原材料且无因操作失误造成人员伤害等行为		出现严重损坏设备、伤人事件,判定为0分	10			
		出现严重碰撞、手放置梁底部等一般危险行为,出现一项扣10分,上不封顶				
总得分						

任务 2.3　预制叠合楼板制作实训

2.3.1　实训目标

能够根据已有的资料进行相关准备,结合装配式建筑施工技术课程内容,进而开展预制叠合楼板制作实操训练。通过本实训任务的实施,学生达到以下目的:

(1)能够进行预制叠合楼板制作施工人员、材料、机械准备;

(2)能够进行预制叠合楼板的模板组装和钢筋绑扎施工;

(3)能够进行预制叠合楼板制作施工过程组织协调和质量安全管理。

2.3.2　实训任务

本实训任务为预制叠合楼板制作实操实训,具体实训内容如下:

(1)预制叠合楼板制作施工人员、材料、机械准备；

(2)预制叠合楼板的模板组装和钢筋绑扎施工；

(3)预制叠合楼板制作时模板组装和钢筋绑扎质量验收；

(4)预制叠合楼板制作施工过程组织协调和质量安全管理。

2.3.3 任务准备

1. 知识准备

学习预制叠合楼板制作施工内容，掌握施工工艺流程和质量验收标准。

混凝土结构工程 　　建筑工程施工质 　　装配式混凝土结构工程
施工质量验收规范 　　量验收统一标准 　　施工与质量验收规程
（装配式结构分项工程）

2. 实训材料工具

(1)叠合楼板模具；

(2)叠合楼板钢筋及预埋件；

(3)其他材料工具：扳手、扎丝、扫把等材料工具，手套、安全帽等防护用品。

2.3.4 任务实施

1. 实训步骤

分解实训任务，进行实训准备→预制叠合楼板模板组装→预制叠合楼板模板组装质量验收→预制叠合楼板钢筋绑扎→预制叠合楼板钢筋骨架质量验收→验收评价→实训成果拆除→实训场地清理。

2. 质量验收表(表 1~表 5)

表 1　预制叠合楼板模具尺寸允许偏差及检验方法

项次	检验项目、内容		允许偏差/mm	检验方法	实测偏差/mm
1	长度	≤6 m	1，−2	用尺量平行构件高度方向，取其中偏差绝对值较大处	
		>6 m 且≤12 m	2，−4		
		>12 m	3，−5		
2	宽度、高(厚)度	墙板	1，−2	用尺测量两端或中部，取其中偏差绝对值较大处	—
3		其他构件	2，−4		
4	底模表面平整度		2	用 2 m 靠尺和塞尺量	
5	对角线差		3	用尺量对角线	
6	侧向弯曲		$L/1\,500$ 且≤5	拉线，用钢尺量测侧向弯曲最大处	

项次	检验项目、内容	允许偏差/mm	检验方法	实测偏差/mm
7	翘曲	$L/1\,500$	对角拉线测量交点间距离值的两倍	
8	组装缝隙	1	用塞片或塞尺量测，取最大值	
9	端模与侧模高低差	1	用钢尺量	

表2 预制叠合楼板模具组装尺寸允许偏差

项次	测定部位	允许偏差/mm	检验方法	实测偏差/mm
1	边长	±2	钢尺四边测量	
2	对角线误差	3	细线测量两根对角线尺寸，取差值	
3	底模平整度	2	对角线用细线固定，钢尺测量线到底模各点距离的差值，取最大值	
4	侧板高差	2	钢尺两边测量，取平均值	
5	表面凹凸	2	靠尺和塞尺检查	
6	扭曲	2	对角线用细线固定，钢尺测量细线到钢模边距离，取最大值	
7	翘曲	2	对角线用细线固定，钢尺测量细线到钢模边距离，取最大值	
8	弯曲	2	测量两对角用细线固定，钢尺测量中心点高度	
9	侧向扭曲	$H≤300$ 时，取1.0	测量两对角用细线固定，钢尺测量中心点高度	
10		$H≥300$ 时，取2.0		

表3 预制叠合楼板钢筋桁架尺寸允许偏差

项次	检验项目	允许偏差/mm	实测偏差/mm
1	长度	总长度的±0.3%，且不超过±10	
2	高度	+1，-3	
3	宽度	±5	
4	扭翘	≤5	

表4 预制叠合楼板钢筋骨架或钢筋网片尺寸和安装位置偏差

项目		允许偏差/mm	检验方法	实测偏差/mm
绑扎钢筋网	长、宽	±10	钢尺检查	
	网眼尺寸	±20	钢尺量连续3档，取最大值	
绑扎钢筋骨架	长	±10	钢尺检查	
	宽、高	±5	钢尺检查	
	钢筋间距	±10	钢尺量两端、中间各一点	

项目			允许偏差/mm	检验方法	实测偏差/mm
受力钢筋		位置	±5	钢尺量两端、中间各一点，取最大值	
		排距	±5		
	保护层	柱、梁	±5	钢尺检查	
		楼板、外墙板楼梯、阳台板	±3	钢尺检查	—
绑扎钢筋、横向钢筋间距			±20	钢尺量连续3档，取最大值	
箍筋间距			±20	钢尺量连续3档，取最大值	
钢筋弯起点位置			±20	钢尺检查	

表5 预埋件、预留孔洞的允许偏差

项目		允许偏差/mm	检验方法	实测偏差/mm
预埋件（插筋、螺栓、吊具等）	中心线尺寸	±5	钢尺检查	
	外露长度	+5~0	钢尺检查且满足连接套筒施工误差要求	
	安装垂直度	$L/40$	拉水平线、竖直线测量两端差值且满足施工误差要求	
预留孔洞	中心线位置	±5	钢尺检查	
	尺寸	+8，0	钢尺检查	
其他需要先安装的部件	安装状况：种类、数量、位置、固定状况		与构件设计制作图对照及目视	

3. 实训成果(表6)

表6 预制叠合楼板制作实训成果

姓名		班级		学号	
粘贴实训成果照片(不少于两张)					

4. 实训注意事项

（1）实训仪器和设备必须在实训指导教师的指挥下操作，操作需按照操作进行，并注意用电安全，严防实训设备、工具伤人事件发生；

（2）实训过程规范操作，实训材料和设备摆放整齐，实训结束之后，要归类整理材料设备，认真清扫场地，保持实训现场干净整洁。

2.3.5 实训评价

实训结果评价由小组自评、小组互评和教师评价 3 部分组成（表 7），可根据实际情况设定比例。

表 7 预制叠合楼板制作原始记录及结果

评价项目		评分标准	分值	自评得分	互评得分	教师评分
模具组装及质量检验	模具选型检验	正确使用检验工具（钢卷尺），按照图纸检验模具型号是否正确	30			
	模具固定检验	正确使用检验工具（橡胶锤），检验模具固定是否牢固				
	模具组装及尺寸检验	模具组装完成，使用工具（钢卷尺、塞尺、钢直尺等），检测模具组装长度、宽度、高（厚）度、对角线、组装缝隙、模具间高低差等是否符合要求				
	模具组装质量检查表填写	根据实际测量数据，规范填写"模具组装质量检验表"				
钢筋绑扎及质量检验	钢筋选型及摆放检验	正确使用工具（钢卷尺、游标卡尺），根据图纸钢筋表检验钢筋型号是否正确	30			
	钢筋绑扎及检验	进行钢筋绑扎，检验 2～3 处绑扎点是否牢固				
	钢筋成品尺寸检验	钢筋绑扎完成，使用工具（钢卷尺），根据图纸检验钢筋间距和外漏钢筋是否符合要求				
	钢筋隐蔽工程检查表填写	根据实际测量数据，规范填写"钢筋摆放绑扎质量检查表"				
埋件固定及质量检验	埋件选型检验	观察型号是否符合图纸要求	20			
	埋件位置检验	正确使用工具（钢卷尺），检验埋件位置是否符合图纸要求				
	埋件固定检验	检验埋件固定是否牢固				
	预埋件检查表填写	根据实际测量数据，规范填写"预埋件检查表"				

评价项目		评分标准	分值	自评得分	互评得分	教师评分
拆解复位考核设备	拆解并复位埋件	正确使用工具(扳手),依据先装后拆的原则拆除埋件,并将埋件放置原位	6			
	拆解并复位钢筋	正确使用工具(钢丝钳),依据先装后拆的原则拆除钢筋,并放置原位				
	拆解并复位模具	正确使用工具(扳手、撬棍),依据先装后拆的原则拆除磁盒、螺栓,将模具放置原位				
工具入库、材料回收		清点工具,对需要保养工具(如工具污染、损坏)进行保养或交于管理员处理。回收可再利用材料,放置原位,分类明确,摆放整齐	2			
场地清理		正确使用工具(扫把)清理模台和地面,不得有垃圾(扎丝),清理完毕后,归还清理工具	2			
生产过程中严格按照安全文明生产规定操作,无恶意损坏工具、原材料且无因操作失误造成人员伤害等行为		出现严重损坏设备、伤人事件,判定为0分	10			
		出现楼板碰撞、手放置楼板底部等一般危险行为,出现一项扣10分,上不封顶				
总得分						

项目3 预制构件连接施工

任务 3.1 预制墙板吊装施工实训

3.1.1 实训目标

能够根据已有的资料进行相关准备，结合装配式建筑施工技术课程内容，进而开展预制墙板吊装实操训练。通过本实训任务的实施，学生达到以下目的：

(1)能够进行预制墙板吊装施工人员、工具、机械准备；

(2)能够进行预制墙板吊装施工；

(3)能够进行预制墙板吊装施工过程组织协调和质量安全管理。

3.1.2 实训任务

本实训任务为预制墙板吊装实操实训，具体实训内容如下：

(1)预制墙板吊装施工人员、工具、机械准备；

(2)预制墙板吊装施工；

(3)预制墙板吊装施工过程组织协调和质量安全管理。

3.1.3 任务准备

1. 知识准备

学习预制墙板吊装施工内容，掌握施工工艺流程和质量验收标准。

预制剪力墙(外墙)
虚拟仿真施工

混凝土结构工程施
工质量验收规范
(装配式结构分项工程)

建筑工程施工质量
验收统一标准

装配式混凝土结构工程
施工与质量验收规程

装配式混凝土结构
工程施工质量验收规程
(预制混凝土构件
安装与连接)

2. 实训材料工具

(1)预制墙板吊装工具;

(2)预制墙板吊装机械;

(3)其他材料工具:预制墙板斜支撑、镜子、扫把等材料工具,手套、安全帽等防护用品。

3.1.4 任务实施

1. 实训步骤

分解实训任务,进行实训准备→剪力墙质量检查→连接钢筋处理→工作面处理→弹控制线→放置橡塑棉条→放置垫块→标高找平→剪力墙吊装→剪力墙临时固定→剪力墙调整→剪力墙最终固定→摘除吊钩。

2. 质量控制措施

(1)预制墙板运入现场后,应对其进行检查和验收,主要检查构件的规格、尺寸以及抗压强度是否满足项目要求。

(2)根据图纸,运用经纬仪、钢尺、卷尺等测量工具在楼面位置画出墙板位置的控制轴线。

(3)预制墙板吊装时,应按顺序吊装,不可间隔吊装,同时,吊索应连接在墙体吊装预埋件上,保证墙板垂直水平吊装,并在墙板离开地面 200 mm 左右对其进行调整检查。

(4)墙板下放时,应缓慢下放,准确就位。吊装完毕后,对墙板位置进行调整或校正,误差控制在 2 mm 以内。最后利用斜支撑工具,在固定墙板的同时,调整墙板垂直度。

3. 实训成果(表1)

表 1　预制墙板吊装施工实训成果

姓名		班级		学号	
粘贴实训过程照片(不少于两张)					

4. 实训注意事项

(1)实训吊装机械和设备必须在实训指导教师的指挥下操作,操作需按照要求进行,并注意用电安全,严防实训机械设备、工具伤人事件发生;

(2)实训过程中,起重设备下方严禁站人;

(3)实训过程规范操作,实训材料和设备摆放整齐,实训结束之后,要归类整理材料设备,认真清扫场地,保持实训现场干净整洁。

3.1.5　实训评价

实训结果评价由小组自评、小组互评和教师评价 3 部分组成(表 2),可根据实际情况设定比例。

表 2　预制墙板吊装施工原始记录及结果

评价项目			评分标准	分值	自评 得分	互评 得分	教师 评分
剪力墙板吊装工艺流程	剪力墙质量检查	依据图纸进行剪力墙质量检查(尺寸、外观、平整度、埋件位置及数量等)	正确使用工具(钢卷尺、靠尺、塞尺),检查构件尺寸、外观、平整度、埋件位置及数量等是否符合图纸要求	3			
	连接钢筋处理	连接钢筋除锈	正确使用工具(钢丝刷),对生锈钢筋进行处理,若没有生锈钢筋,则说明钢筋无须除锈	5			
		钢筋长度检查及校正	正确使用工具(钢卷尺、角磨机),对每个钢筋进行测量,指出不符合要求的钢筋,并用角磨机切割				
		钢筋垂直度检查及校正	正确使用工具(靠尺、钢管),对每个钢筋进行两个方向(90°夹角)测量,指出不符合要求的钢筋,并用钢管校正				
	工作面处理	凿毛处理	正确使用工具(铁锤、錾子),对定位线内的工作面进行粗糙面处理	3			
		工作面清理	正确使用工具(扫把),对工作面进行清理				
		洒水湿润	正确使用工具(喷壶),对工作面进行洒水湿润处理				
	弹控制线		正确使用工具(钢卷尺、墨盒、铅笔),根据已有轴线或定位线引出 200~500 mm 控制线	3			
	放置橡塑棉条		正确使用材料(橡塑棉条),根据定位线或图纸放置橡塑棉条至保温板位置	1			
	放置垫块		正确使用材料(垫块),在墙两端距离边缘 4 cm 以上,远离钢筋位置处放置 2 cm 高垫块	1			
	标高找平		正确使用工具(水准仪、水准尺),先后视假设标高控制点,再将水准尺分别放置垫块顶,若垫块标高符合要求,则不需调整,若垫块不在误差范围内,则需换不同规格垫块	3			

评价项目			评分标准	分值	自评得分	互评得分	教师评分
剪力墙板吊装工艺流程	剪力墙吊装	吊具连接	选择吊孔，满足吊链与水平夹角不宜小于60°	34			
		剪力墙试吊	正确操作吊装设备起吊构件至距离地面约300 mm，停滞，观察吊具是否安全				
		剪力墙吊运	正确操作吊装设备吊运剪力墙，缓起、匀升、慢落				
		剪力墙安装对位	正确操作吊装设备，正确使用工具(2面镜子)，将镜子放置在墙体两端钢筋相邻处，观察套筒与钢筋位置关系，边调整剪力墙位置边下落				
	剪力墙临时固定		正确使用工具(斜支撑、扳手、螺栓)，临时固定墙板	3			
	剪力墙调整	剪力墙位置测量及调整	正确使用工具(钢卷尺、撬棍)，先测量剪力墙位置是否符合要求，如误差>1 cm，则用撬棍进行调整	6			
		剪力墙垂直度测量及调整	正确使用工具(钢卷尺、线坠或有刻度靠尺)，检查是否符合要求，如误差>1 cm，则调整斜支撑进行校正				
	剪力墙终固定		正确使用工具(扳手)进行终固定。满足以上要求可得满分，否则不得分	2			
	摘除吊钩		摘除吊钩	2			
质量控制	剪力墙安装连接牢固程度		进行剪力墙吊装质量检查，根据测量数据判断是否符合标准	20			
	剪力墙安装位置误差范围(8 mm，0)						
	剪力墙垂直度(5 mm，0)						
	工具入库、材料回收		清点工具，对需要保养的工具(如工具污染、损坏)进行保养或交于管理员处理。回收可再利用材料，放置原位，分类明确，摆放整齐	2			
	场地清理		正确使用工具(扫把)清理模台和地面，不得有垃圾(扎丝)，清理完毕后，归还清理工具	2			
安全施工	施工过程中严格按照安全文明生产规定操作，无恶意损坏工具、原材料且无因操作失误造成人伤害等行为		出现严重损坏设备、伤人事件，得0分	10			
			出现墙板碰撞、手放置墙底等一般危险行为，出现一项则扣10分，上不封顶				
总得分							

任务 3.2　预制柱吊装施工实训

3.2.1　实训目标

能够根据已有的资料进行相关准备，结合装配式建筑施工技术课程内容，进而开展预制柱吊装实操训练。通过本实训任务的实施，学生达到以下目的：

(1)能够进行预制柱吊装施工人员、工具、机械准备；

(2)能够进行预制柱吊装施工；

(3)能够进行预制柱吊装施工过程组织协调和质量安全管理。

3.2.2　实训任务

本实训任务为预制柱吊装实操实训，具体实训内容如下：

(1)预制柱吊装施工人员、工具、机械准备；

(2)预制柱吊装施工；

(3)预制柱吊装施工过程组织协调和质量安全管理。

3.2.3　任务准备

1. 知识准备

学习预制柱吊装施工内容，掌握施工工艺流程和质量验收标准。

混凝土结构工程　　　建筑工程施工质量　　　装配式混凝土结构工程　　　装配式混凝土结构工程

施工质量验收规范　　　验收统一标准　　　施工与质量验收规程　　　施工质量验收规程

(装配式结构分项工程)　　　　　　　　　　　　　　　　　　　　(预制混凝土构件安装与连接)

2. 实训材料工具

(1)预制柱吊装工具；

(2)预制柱吊装机械；

(3)其他材料工具：预制柱斜支撑、镜子、扫把等材料工具，手套、安全帽等防护用品。

3.2.4 任务实施

1. 实训步骤

分解实训任务,进行实训准备→柱质量检查→连接钢筋处理→工作面处理→弹控制线→放置橡塑棉条→放置垫块→标高找平→柱吊装→柱临时固定→柱调整→柱最终固定→摘除吊钩。

2. 质量控制措施

(1)预制柱运入现场后,应对其进行检查和验收,主要检查构件的规格、尺寸以及抗压强度是否满足项目要求。

(2)根据图纸,运用经纬仪、钢尺、卷尺等测量工具在楼面位置画出柱位置的控制轴线。

(3)预制柱吊装时,应按顺序吊装,不可间隔吊装,同时,吊索应连接在柱吊装预埋件上,保证柱垂直吊装,并在柱离开地面 200 mm 左右对其进行调整检查。

(4)柱下放时,应缓慢下放,准确就位。吊装完毕后,对柱位置进行调整或校正,误差控制在 2 mm 以内。最后利用斜支撑工具,在固定柱的同时,调整柱垂直度。

3. 实训成果(表 1)

表 1　预制柱吊装施工实训成果

姓名		班级		学号	
粘贴实训过程照片(不少于两张)。					

4. 实训注意事项

(1)实训吊装机械和设备必须在实训指导教师的指挥下操作,操作需按照要求进行,并注意用电安全,严防实训机械设备工具伤人事件发生;

(2)实训过程中,起重设备下方严禁站人;

(3)实训过程规范操作,实训材料和设备摆放整齐,实训结束之后,要归类整理材料设备,认真清扫场地,保持实训现场干净整洁。

3.2.5 实训评价

实训结果评价由小组自评、小组互评和教师评价 3 部分组成(表 2),可根据实际情况设定比例。

表 2　预制柱吊装施工原始记录及结果

评价项目			评分标准	分值	自评得分	互评得分	教师评分
柱吊装工艺流程	柱质量检查		依据图纸进行柱质量检查(尺寸、外观、平整度、埋件位置及数量等)	正确使用工具(钢卷尺、靠尺、塞尺),检查构件尺寸、外观、平整度、埋件位置及数量等是否符合图纸要求	3			
	连接钢筋处理	连接钢筋除锈	正确使用工具(钢丝刷),对生锈钢筋处理,若没有生锈钢筋,则说明钢筋无须除锈	5			
		钢筋长度检查及校正	正确使用工具(钢卷尺、角磨机),对每个钢筋进行测量,指出不符合要求的钢筋,并用角磨机切割				
		钢筋垂直度检查及校正	正确使用工具(靠尺、钢管),对每个钢筋进行两个方向(90°夹角)测量,指出不符合要求的钢筋,并用钢管校正				
	工作面处理	凿毛处理	正确使用工具(铁锤、錾子),对定位线内的工作面进行粗糙面处理	3			
		工作面清理	正确使用工具(扫把),对工作面进行清理				
		洒水湿润	正确使用工具(喷壶),对工作面进行洒水湿润处理				
	弹控制线		正确使用工具(钢卷尺、墨盒、铅笔),根据已有轴线或定位线引出 200～500 mm 控制线	3			
	放置橡塑棉条		正确使用材料(橡塑棉条),根据定位线或图纸放置橡塑棉条至保温板位置	1			
	放置垫块		正确使用材料(垫块),在柱两端距离边缘 4 cm 以上,远离钢筋位置处放置 2 cm 高垫块	1			
	标高找平		正确使用工具(水准仪、水准尺),假设标高控制点,再将水准尺分别放置在垫块顶,若垫块标高符合要求,则不需调整,若垫块不在误差范围内,则需换不同规格垫块	3			

评价项目			评分标准	分值	自评得分	互评得分	教师评分
柱吊装工艺流程	柱吊装	吊具连接	选择吊孔，满足吊链与水平夹角不宜小于60°	34			
		柱试吊	正确操作吊装设备起吊构件至距离地面约300 mm，停滞，观察吊具是否安全				
		柱吊运	正确操作吊装设备吊运柱，缓起、匀升、慢落				
		柱安装对位	正确操作吊装设备，正确使用工具(2面镜子)，将镜子放置在柱底部钢筋相邻处，观察套筒与钢筋位置关系，边调整柱位置边下落				
	柱临时固定		正确使用工具(斜支撑、扳手、螺栓)，临时固定柱	3			
	柱调整	柱位置测量及调整	正确使用工具(钢卷尺、撬棍)，先测量柱位置是否符合要求，如误差＞1 cm，则用撬棍进行调整	6			
		柱垂直度测量及调整	正确使用工具(钢卷尺、线坠或有刻度靠尺)，检查是否符合要求，如误差＞1 cm，则调整斜支撑进行校正				
	柱最终固定		正确使用工具(扳手)进行终固定。满足以上要求可得满分，否则不得分	4			
	摘除吊钩		摘除吊钩				
质量控制	柱安装连接牢固程度		进行柱吊装质量检查，根据测量数据判断是否符合标准	20			
	柱安装位置误差范围(8 mm，0)						
	柱垂直度(5 mm，0)						
工具入库、材料回收			清点工具，对需要保养工具(如工具污染、损坏)进行保养或交于管理员处理。回收可再利用材料，放置原位，分类明确，摆放整齐	2			
场地清理			正确使用工具(扫把)清理模台和地面，不得有垃圾(扎丝)，清理完毕后，归还清理工具	2			
安全施工	施工过程中严格按照安全文明生产规定操作，无恶意损坏工具、原材料且无因操作失误造成人伤害等行为		出现严重损坏设备、伤人事件，得0分	10			
			出现柱碰撞、手放置柱底等一般危险行为，出现一项则扣10分，上不封顶				
总得分							

任务 3.3 套筒灌浆连接施工实训

3.3.1 实训目标

能够根据已有的资料进行相关准备，结合装配式建筑施工技术课程内容，进而开展套筒灌浆连接实操训练。通过本实训任务的实施，学生达到以下目的：

(1)能够进行套筒鼓灌浆连接施工人员、工具、机械准备；

(2)能够进行灌浆料制备；

(3)能够进行灌浆料注浆施工；

(4)能够进行套筒灌浆连接施工过程组织协调和质量安全管理。

3.3.2 实训任务

本实训任务为套筒灌浆连接实操实训，具体实训内容如下：

(1)套筒鼓灌浆连接施工人员、工具、机械准备；

(2)灌浆料制备；

(3)灌浆料注浆施工；

(4)套筒灌浆连接施工过程组织协调和质量安全管理。

3.3.3 任务准备

1. 知识准备

学习套筒灌浆连接施工内容，掌握施工工艺流程和质量验收标准。

混凝土结构工程
施工质量验收规范
（装配式结构分项工程）

装配式混凝土结构工程
施工与质量验收规程

装配式混凝土结构
工程施工质量验收规程
（预制混凝土构件安装与连接）

2. 实训材料工具

(1)套筒灌浆料原材料及制备机具；

(2)压力注浆机；

(3)其他材料工具：灌浆料流动度检测工具，手套、安全帽等防护用品。

3.3.4 任务实施

1. 实训步骤

分解实训任务，进行实训准备→接缝清理→预制构件封模 →无收缩砂浆制备→砂浆流动度检测→无收缩砂浆灌浆并塞孔→设备拆除、清洗和复位。

2. 质量控制措施

采用钢筋套筒灌浆连接时，应按设计要求检查套筒中连接钢筋的位置和长度，套筒灌浆施工尚应符合下列规定：

(1)灌浆前应制订套筒灌浆操作的专项质量保证措施，灌浆操作全过程应有质量监控。

(2)灌浆料应按配比要求计量灌浆材料和水的用量，经搅拌均匀后，测定其流动度应满足设计要求。

(3)灌浆作业应采取压浆法从下口灌注，当浆料从上口流出时，应及时封堵，持压 30 s 后再封堵下口。

(4)灌浆作业应及时做好施工质量检查记录，每个工作班制作一组试件。

(5)灌浆作业时，应保证浆料在 48 h 凝结硬化过程中连接部位温度不低于 10 ℃。

(6)关于钢筋机械式接头的种类，请参照设计图纸施工。

(7)接头的设计应满足强度及变形性能的要求。

(8)接头连接件的屈服承载力和抗拉承载力的标准值应不小于被连接钢筋的屈服承载力和抗拉承载力标准值的 1.10 倍。

3. 实训成果(表 1)

表 1　套筒灌浆连接施工实训成果

姓名		班级		学号	
粘贴实训过程照片(不少于两张)					

4. 实训注意事项

(1)实训仪器和设备必须在实训指导教师的指挥下操作，操作需按照要求进行，并注意用电安全，严防实训设备工具伤人事件发生；

(2)实训过程规范操作，实训材料和设备摆放整齐，实训结束之后，要归类整理材料设备，认真清扫场地，保持实训现场干净整洁。

3.3.5 实训评价

实训结果评价由小组自评、小组互评和教师评价3部分组成(表2),可根据实际情况设定比例。

表 2 套筒灌浆连接施工原始记录及结果

评价项目			评分标准	分值	自评得分	互评得分	教师评分
灌浆工艺流程	灌浆料制作	温度检测	正确使用工具(温度计)测量室温,并做记录	5			
		依据配合比计算灌浆料干料和水用量	根据图纸识读构件长度和宽度、套筒型号和数量,先给定计算条件:封缝料密度假设为 2 300 kg/m³,水:灌浆料干料=12:100(质量比),单个套筒灌浆料质量 0.4 kg,考虑灌浆泵内有残余浆料,考虑 10% 富余量。$m=(\rho v+0.4n)(1+10\%)$,其中 n 为套筒数量。再根据灌浆料总量分别计算水和封缝料干料用量	20			
		称量水	正确使用工具(量筒或电子秤),根据计算水用量称量				
		称量灌浆料干料	正确使用工具(电子秤、小盆),根据计算灌浆料干料用量称量,注意小盆去皮				
		将全部水倒入搅拌容器	正确使用工具(量筒、搅拌容器),将水全部导入搅拌容器				
		加入灌浆料干料	正确使用工具(小盆),推荐分两次加料,第一次先将 70% 干料倒入搅拌容器,第二次加入 30% 干料				
		灌浆料搅拌	正确使用工具(搅拌器),推荐分两次搅拌,沿一个方向均匀搅拌封缝料,总共搅拌不少于 5 分钟				
		静置约 2 分钟	静置约 2 分钟,使灌浆料内气体自然排出				
	流动度检验	放置并湿润玻璃板	正确使用工具(玻璃板、抹布),用湿润抹布擦拭玻璃板,并放置平稳位置	10			
		放置截锥试模	正确使用工具(截锥试模),大口朝下小口朝上,放置玻璃板正中央				
		倒入灌浆料	正确使用工具(勺子),舀出一部分灌浆料倒入截锥试模				
		抹面	正确使用工具(小抹子),将截锥试模顶多余灌浆料抹平				
		竖直提起截锥试模	竖直提起截锥试模				
		测量灰饼直径	正确使用工具(钢卷尺),等灌浆料停止流动后,测量最大灰饼直径,并做记录				
		填写灌浆料拌制记录表	将以上记录数据整理到记录表				
	同条件试块	倒入灌浆料	正确使用工具(勺子),舀出一部分灌浆料倒入截锥试模	5			
		抹面	正确使用工具(小抹子),将截锥试模顶多余灌浆料抹平				

评价项目			评分标准	分值	自评得分	互评得分	教师评分
灌浆工艺流程	灌浆	湿润灌浆泵	正确使用工具（灌浆泵、塑料勺）和材料（水），将水倒入灌浆泵进行湿润，并将水全部排出	30			
		倒入灌浆料	正确使用工具（灌浆泵、搅拌容器），将灌浆料倒入灌浆泵				
		排出前端灌浆料	正确使用工具（灌浆泵），由于灌浆泵内有少量积水，因此需排出前端灌浆料				
		选择灌浆孔	正确使用工具（灌浆泵），选择下方灌浆孔，一个仓室只能选择一个灌浆孔，其余为排浆孔，中途不得换灌浆孔				
		灌浆	正确使用工具（灌浆泵），灌浆时应连续灌浆，中间不得停顿				
		封堵排浆孔	正确使用工具（铁锤）和材料（橡胶塞），待排浆孔流出浆料并成圆柱状时进行封堵				
		保压	正确使用工具（灌浆泵），待排浆孔全部封堵后保压或慢速保持约 30 s，保证内部浆料充足				
		封堵灌浆孔	正确使用工具（铁锤）和材料（橡胶塞），待灌浆泵移除后迅速封堵灌浆孔				
		工作面清理	正确使用工具（扫把、抹布），清理工作面，保持干净				
		称量剩余灌浆料	正确使用工具（灌浆泵、电子秤、小盆），将浆料排入小盆，称量质量（注意去皮）				
		填写灌浆施工记录表	将以上灌浆记录数据整理到记录表上				
工完料清	设备拆除、清洗、复位	设备拆除	操作吊装设备，将灌浆上部构件吊至清洗区	10			
		清洗套筒、墙底、底座	正确使用工具（高压水枪）针对每个套筒彻底清洗至无残余浆料				
		设备复位	正确使用吊装设备将上部构件调至原位置				
	工具清洗维护	灌浆泵清洗维护	先将水倒入灌浆泵然后排出，清洗 3 遍，再将海绵球置于灌浆泵并排出，清洗 3 遍				
		其他工具清洗维护	清洗有浆料浮浆工具（搅拌器、小盆、铲子、抹子等）				
		工具入库	将工具放置在原位置				
		场地清理	正确使用工具（高压水枪、扫把）将场地清理干净，并将工具归还				

评价项目		评分标准	分值	自评得分	互评得分	教师评分
质量控制	灌浆料制作与检验	灌浆料拌制记录表	在实训操作过程中根据质量要求打分	10			
		静置无气泡排出					
		初始流动度≥300 mm					
	灌浆质量	是否饱满					
		是否漏浆					
		灌浆施工记录表					
		灌浆料剩余量≤2 kg					
	工完料清	设备清洗是否干净					
		工具清洗是否干净					
		场地清洗是否干净					
安全施工	施工过程中严格按照安全文明生产规定操作，无恶意损坏工具、原材料且无因操作失误造成人员伤害等行为	出现严重损坏设备、伤人事件，得0分	10			
		出现一般危险行为，出现一项则扣10分，上不封顶	10			
总分						

任务 3.4　外墙接缝防水施工实训

3.4.1　实训目标

能够根据已有的资料进行相关准备，结合装配式建筑施工技术课程内容，进而开展外墙接缝防水施工实操训练。通过本实训任务的实施，学生达到以下目的：

(1)能够进行外墙接缝防水施工人员、工具、机械准备；

(2)能够进行外墙接缝防水施工；

(3)能够进行外墙接缝防水施工过程组织协调和质量安全管理。

3.4.2　实训任务

本实训任务为外墙接缝防水施工实操实训，具体实训内容如下：

(1)外墙接缝防水施工人员、工具、机械准备；

(2)外墙接缝防水施工；

(3)外墙接缝防水施工过程组织协调和质量安全管理。

3.4.3　任务准备

1. 知识准备

学习外墙接缝防水施工内容，掌握施工工艺流程和质量验收标准。

混凝土结构工程	装配式混凝土结构工程	装配式混凝土结构
施工质量验收规范	施工与质量验收规程	工程施工质量验收规程
（装配式结构分项工程）		（预制混凝土构件安装与连接）

2. 实训材料工具

(1)外墙接缝防水用密封胶及背衬材料；

(2)胶枪；

(3)其他材料工具：手套、安全帽等防护用品。

3.4.4　任务实施

1. 实训步骤

分解实训任务，进行实训准备→表面清洁处理→底涂基层处理→背衬材料施工→胶枪施工打密封胶→密封胶整平处理→板缝两侧外观清洁。

2. 质量控制措施

根据接缝设计的构造及使用嵌缝材料的不同，其处理方式也存在一定的差异，常用接缝连接构造的施工要点如下：

(1)外墙板接缝防水工程应由专业人员进行施工，橡胶条通常为预制构件出厂时预嵌在混凝土墙板的凹槽内，以保证外墙的防排水质量。在现场施工的过程中，预制构件调整就位后，通过安装在相邻两块预制外墙板的橡胶条，挤压达到防水效果。

(2)预制构件外侧通过施打结构性密封胶来实现防水构造。密封防水胶封堵前，侧壁应清理干净，保持干燥，事先应对嵌缝材料的性能质量进行检查，嵌缝材料应与墙板粘结牢固。

(3)预制构件连接缝施工完成后，应进行外观质量检查，并应满足国家或地方相关建筑外墙防水工程技术规范的要求，必要时应进行喷淋试验。

3. 实训成果(表1)

表 1　外墙接缝防水施工实训成果

姓名		班级		学号	
粘贴实训过程照片(不少于两张)					

4. 实训注意事项

(1)实训仪器和设备必须在实训指导教师的指挥下操作,操作需按照要求进行,并注意用电安全,严防实训设备工具伤人事件发生;

(2)实训过程中必须系好安全带、戴好安全帽,全程做好防护;

(3)实训过程规范操作,实训材料和设备摆放整齐,实训结束之后,要归类整理材料设备,认真清扫场地,保持实训现场干净整洁。

3.4.5　实训评价

实训结果评价由小组自评、小组互评和教师评价 3 部分组成(表2),可根据实际情况设定比例。

表2　外墙接缝防水施工原始记录及结果

	评价项目		评分标准	分值	自评得分	互评得分	教师评分
施工前准备工艺流程	劳保用品准备	佩戴安全帽	内衬圆周大小调节到头部稍有约束感为宜。系好下颚带，下颚带应紧贴下颚，松紧以下颚有约束感，但不难受为宜	7			
		穿戴劳保工装、防护手套	劳保工装做到"统一、整齐、整洁"，并做到"三紧"，即领口紧、袖口紧、下摆紧，严禁卷袖口、卷裤腿等现象。必须正确佩戴手套，方可进行实操施工				
		系好安全带	固定好胸带、腰带、腿带，安全带要贴身				
	设备检查	检查施工设备（吊篮、打胶装置）	操作开关检查吊篮和打胶装置是否正常运转	2			
	领取工具	领取打胶所有工具	领取工具，放置在指定位置，摆放整齐	2			
	领取材料	领取打胶所有材料	领取材料，放置在指定位置，摆放整齐	2			
	卫生检查及清理	施工场地卫生检查及清扫	正确使用工具（扫把），规范清理场地	2			
封缝打胶工艺流程	基层处理	采用角磨机清理浮浆	正确使用工具（角磨机），沿板缝清理浮浆	9			
		采用钢丝刷清理墙体杂质	正确使用工具（钢丝刷），沿板缝清理浮浆				
		采用毛刷清理残留灰尘	正确使用工具（毛刷），沿板缝清理浮浆				
	填充 PE 棒（泡沫棒）		正确使用工具（铲子）和材料（PE 棒），沿板缝竖顺直填充 PE 棒	6			
	粘贴美纹纸		正确使用材料（美纹纸），沿板缝竖顺直粘贴	6			
	涂刷底涂液		正确使用工具（毛刷）和材料（底涂液），沿板缝内侧均匀涂刷	5			
	打胶	竖缝打胶	正确使用工具（胶枪）和材料（密封胶），沿竖向板缝打胶	16			
		水平缝打胶	正确使用工具（胶枪）和材料（密封胶），沿水平缝打胶				
	刮平压实密封胶		正确使用工具（刮板），沿板缝匀速刮平，禁止反复操作	5			
	打胶质量检验		正确使用工具（钢直尺）对打胶厚度进行测量	3			

评价项目			评分标准	分值	自评得分	互评得分	教师评分
工完料清	清理板缝		正确使用工具(抹布、铲子),将密封胶依次清理到垃圾桶	5			
	拆除美纹纸		依次拆除美纹纸				
	打胶装置复位		单击开关,复位打胶装置				
	工具入库	工具清理	正确使用工具(抹布)清理工具	3			
		工具入库	依次将工具放置原位				
	施工场地清理		正确使用工具(扫把),对施工场地进行清理	2			
质量控制	工具选择合理、数量齐全		对打胶质量进行检查	2			
	材料选择合理、数量齐全			2			
	PE棒填充质量	是否顺直		3			
	打胶质量	胶面是否平整		8			
		厚度为1~1.5 cm					
	工完料清	打胶装置是否清理干净		10			
		工具是否清理干净					
		施工场地是否清理干净					
安全施工	施工过程中严格按照安全文明生产规定操作,无恶意损坏工具、原材料且无因操作失误造成人员伤害等行为		出现严重损坏设备、伤人事件,得0分	10			
			出现一般危险行为,出现一项则扣10分,上不封顶	10			
总分							

项目编辑：瞿义勇
策划编辑：李　鹏
封面设计：易细文化

北京理工大学出版社
BEIJING INSTITUTE OF TECHNOLOGY PRESS

通信地址：北京市丰台区四合庄路6号院
邮政编码：100070
电话：010-68944723 82562903
网址：www.bitpress.com.cn

ISBN 978-7-5763-2285-9

9 787576 322859 >

定价：89.00元
（含实训指导书）

建筑工程制图

主编 沈莉

北京理工大学出版社
BEIJING INSTITUTE OF TECHNOLOGY PRESS